How to play

THE BASICS

Sudoku is one of the great puzzle games as it is easy to learn, yet challenging to master.

The rules are simple: each of the nine blocks making up the 9-by-9 grid has to contain all the numbers 1 to 9 within its squares. Each number can only appear once in a row, column or block.

Each vertical nine-square column, or horizontal nine-square line across, within the larger square, must also contain the numbers 1 to 9, without repeating or omitting any numbers.

THIS BOOK

We have split this book into sections based on difficulty: Easy, Medium, Hard, and Expert.

You can find the answers to all the puzzles at the back of the book.

STEP-BY-STEP

There are four easy steps to mastery of sudoku, which we have highlighted in the diagram below:

1. Only include the numbers 1 through 9 in each block, row, and column.
2. Don't repeat any numbers in each block (magnifying glass below), row (label B), and column (label A).
3. Don't guess!
4. Use a process of elimination to work out your next move.

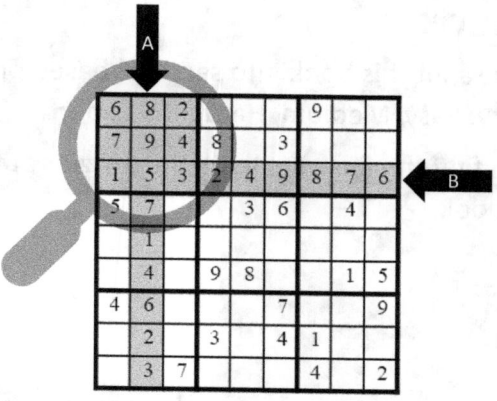

CLASSIC SUDOKU

BOOK 2

www.goldpuzzles.com

Published in 2020 by Gold Puzzles

© Copyright 2020 Gold Puzzles

All rights reserved. No part of this publication may be copied, photocopied, reproduced, or translated, in whole or in part, without the prior written consent of the publisher.

The contents of this publication are believed correct at the time of printing. Nevertheless, the publisher can accept no responsibility for errors or omissions, changes in the detail given or for any expense or loss thereby caused.

If you would like to comment on any aspect of this book, please contact us at contact@goldpuzzles.com.

Get your **FREE** print-at-home puzzle book at

subscribe.goldpuzzles.com

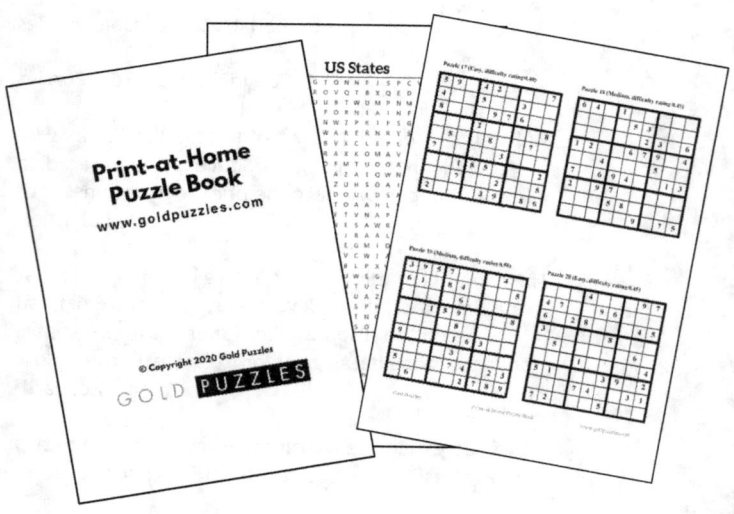

www.goldpuzzles.com

1

		8			2	5		
			7					1
7			5		9	6		
5	7			4				
					7	4		6
	8			2				9
		3			5	1		
4		5	3				7	8
	6			8				

EASY

2

		4	8		2		6	9
	2	1			6	8		3
5			7					
	6		1	9			5	7
		7	2		4		8	
	4	5				3		
	7		9		5	2		8
		9	3	2			4	
	5	8				9		

EASY

3

		5			9	2		4
8	2		7				3	9
	9		3		8			
	4		5		3			
7		3	6			9		1
		8			7		5	2
9		6			5		2	8
4	8		2		1		6	
				3				7

EASY

4

6								3
	8	5		3		4		
		4		1		9	6	
			3		7			
		2			5		1	
8		6				5	9	
	7		5			2		
	9	1				7		4
			8		4			

EASY

5

7						1	2	
1		5		8	3	6		
	4			5				
	7					9		
5		6		2		7	3	
		9		1	8			
2		4						
			5				6	8
			9		6			4

EASY

6

	4		6					8
7			8		9			
	6	3					9	
	8							
		2		4			6	7
	9			7	5	2		
9			4		1			
	3					8		6
		6		8			1	5

EASY

7

	8	9	3	6				2
4				2			6	
					7	9		
		5			9	1		
3		7					8	
			6		8	3		
7			8				5	6
		4						8
6				9			1	

EASY

8

		3		7				2
9		5				6		
				6	4			9
5					6	3	4	
		1					6	
4			7			2		
				5				7
	6	7	4		9		8	
1			8			4		

EASY

9

		8			4	2		6
	9						7	8
5							4	
	7			5			9	1
		4	3			6	5	2
				6				
3	4		6					
8					9			
6					7			9

EASY

10

	4			2				8
		9				1	3	7
3			8					
8					1	2	4	
				9				
			7					1
1	3		6	5		4		
	2	8	9	4				
6			1					

EASY

11

				8		1		
		8			3			4
2	1	7					9	
				2		6		
4				6	5	2		1
				9	4		8	3
3	4		2			8		
					9			
		2	7					

EASY

12

	5	8	9	3			7	
	9					8	3	
2			1		5	9		
	1					3	2	
3		7	4		9		6	
8			5	2		7		
	8	1		6		4	5	
6		9	8	5		2		
			7					3

EASY

13

				6		1		
6				2		5		
			5			9		3
				5				
7	6				4			2
8	4	5	9				3	
5		8		3			1	
	3					4		
1	2							6

EASY

14

7		4			9	6		1
8	6		1		3			4
				2		5		
		9			7	8	1	
6	1		5			7		2
	7		2		6			
	8		9		2			
5		2	4			3	7	
		6			5	1		9

EASY

15

		1	2					
		8		9		2		
6		5			8			
				8				
9			7			3	2	
	6				5	4	7	8
		7					6	
2						1	9	
	1			6		8		4

EASY

16

9				3	1	7		6
					7	1		
			4	2			5	9
		1				8		
								5
2	9				4		1	
		4		9				2
					3	4		
1	3	8	5					

EASY

17

				2				
	3				4	5		6
9			8			4	2	7
	5					3		1
		4				9		
1				9			7	2
		1		5				
	9	8	2					
		2		3				5

EASY

18

	2					5		9
5				2	8			
1				3				7
	7	8			2	9		
		2						6
	1		3			8		
		4	8		5		2	3
	8		4			6		
3				9				

EASY

19

	8		3					
		3		4	5			9
2								
6	7			5		1		3
	3							7
5	2					4	9	
			8	3	1		2	
	9							1
4			9			5		

EASY

20

		3	9	6	5			4
	6							
5			8		7		1	
		6				3	4	
	1		7			6		
	7					2		
					4	5		
			2		1		7	
	4		6	9				2

EASY

21

1				4	5			
	7						8	
4		8		9			2	6
			7			3		9
5		7						
			2		9	8		
		3					4	2
8		9		1	6		5	
	1		3					

EASY

22

							2	6
2		5	7		8			
		9	5					3
1				4				
		2	6		3	1		
	4	7			2	8		
	7	3		6	4			
							5	1
	8				9		3	

EASY

23

3						6		
							2	
	7	4	1					3
		7	3		5	9	8	
			9			3		
				1	4	2	7	
6	5	3		2				
1					7		4	
			5			1		

EASY

24

	7							
	8			4	6		3	
		3			2	5		6
	2		5					7
	5	9				8		
6			7	8				
	9						7	5
8			2	1				
		5			7	1		4

EASY

25

		6	5		3	7	8	
					8		3	
			4	1		6	2	
	1		6			4		
					5		1	
5	9	3		2				
						2		
6		4			1			3
	3						9	

EASY

26

	8				4	1		
		5	7					
9	4			8			7	6
					6	9	5	
4		6	9					
		7	2				3	
	7				2	4		
6				4	3	5		
				6			1	

EASY

27

5			3					
					7	4		1
8	2			5	4	6		
4	8			9				
			7			9		
1				6	5	7		2
		5					8	6
				3	1			
	6	9					3	

EASY

28

					2			
	9		8			7	4	2
3				4		6	5	
	1				9	2		7
		4					9	
5						1	3	
		2			3	5		
9		8	2					
		1		5				

EASY

29

	4				3	5	6	
	1	5	6				4	
7				4	8	2		
	8			7		1	2	
1					5			
6	5			1	9	4		3
								8
	3	8	7		2		1	
5		4	8	3		7	9	

EASY

30

9						4	6	
	6		5	9				
1			3				7	
	4			2				8
		8	7		6	9		4
7							5	
	1			4				7
		6	2					
	3	4		5		6		

EASY

31

4			2	8				7
	3							
		6			4			
	2				7	8		
		7						1
			4	1	6		3	
		4						5
	8	3				2	7	
	9	5	8			1		4

EASY

32

		9	8					
7		3	5		9		1	
			2			6	5	
	9					1		3
			6		8			
1	4							8
3		5			4			
		6	9		1	7	2	
				2			4	

EASY

33

7			2			4		
		1			8			
	2		7	3			1	9
9						3	8	
		3		7	9			
		5			1		6	
6	7			9		8		
	9						4	
5			1			7		

EASY

34

	9		1	7				
1			6		2	4		
		5		4				
		6	9			7		
	4	3						6
		1				9		
4			2	5	6			3
	7		8	9			5	
						6		

EASY

35

					9			4
	9			3			5	
2	8	4				1		
				5	1	9	3	
					2			7
5				6	7		4	2
	2				8			
3		5	2					9
				1				

EASY

36

3		4			6			
6				1		7		
2				7				
5							4	
		7				2	1	
	2			4		6		9
	4				3	9	5	6
		1	5			8	7	
				6				

EASY

37

8						9		
		2	6	5				
	9	5		1		3	7	
	4					5	3	
2				4				
	1	9	7	2		6		
	8	6						
			1		3			9
					8		1	4

EASY

38

2							5	
	1			5		3		8
		6				1	4	
				3				
		4	2			7	6	
	5				9	8	2	3
1				6				
9		5			3			
3				4		6		

EASY

39

5		4	7	2		6		
	8			6				2
					3		5	
			2		4		7	
3	7							4
1					5		9	
	2			5				9
8						4		
	3		4			2		1

EASY

40

	9	4		5				3
6			3		7	1		
	3				2	4		5
5	4		9		8	3	2	
9					4			
	7		6			9		1
							7	
	2	7		6	1			9
4		3	2	7		6		8

EASY

41

7			2	4				
		4					3	7
9				5			1	
	2	1	4					3
	4						8	
		9			5			2
	6		7		2	4	5	
		2			6			8
5				3				

EASY

42

		3	5	9	4	2		
6				8	7			4
							5	
	5			7			6	
	1						7	
3	2					5		
		1	9	5			3	
7				1	6			
	4			3				

EASY

43

	6			7	2	5		4
		2			6		8	
5			3					
		4				3	7	
7			4	2				
9			5			1		
		9			5		2	
	2	1		4			3	
	4					8		

EASY

44

	8			4				
	4	3	1	8			2	
	7	2	9		6			
	5							8
8				6		2	9	
		7						
					7	1	8	5
	6			1				
		9	2					6

EASY

45

		1			9	8	7	
			5			1		
	2				8		6	
			9		4		1	
2			7					6
1		8						4
	3				5		8	
	8	4	2	1		3		
9								2

EASY

46

			3		5	2		
					1	6		3
	1	8						
1							2	
		4	8	7				
	2	7		3			5	9
4				6				
	3	2	9	4			8	
	6						7	5

EASY

47

1				6			5	
4							9	7
	9			8	4			
5							8	
	7				2	3		
		3	9	5		7		4
		9		2				
	6	7			8			9
	1				7	5		

EASY

48

8			1		3	5		
	3	2			7		8	
						4		
		5				2	6	
			5	4				3
	4			2		7		
			9	7				5
	1	9			4		2	
4	2					6		

EASY

49

	9							
6			5	9	8			7
		8	4		3		1	
					7	8		
			2		1		3	
	7		9	5				2
	1		3			9		
	3					2		
9						6	7	

EASY

50

5	6		7					8
	8				3			
4			6			9		
8			2		7			
		4			5		9	
		2					8	6
		9					7	
6			3			1		
	1			8	9	6		2

EASY

51

3	8		6			4		
6			1		2			
2			7			5		
	3			1	9			
			8					9
	6						2	
	9					3	6	7
						2		
7	1						9	

MEDIUM

52

		9	6	1	2	5		
		6		5				3
1			8					
9						8	4	
	5	4					6	
		2				9		7
5	3		4		6		9	
			1					
6						7	2	

MEDIUM

53

	8		1					
		2	8			7		4
	5				6		2	
			6				8	9
		5		2		6		
8					7	1		
5							9	
		1						5
		7	9			8		3

MEDIUM

54

	7	6			9			
					3		8	
5								6
4			8			2		
7		8	3					
3			9		5	1		
						8		
					6	9	3	4
			4		7		6	

MEDIUM

55

	1	6		2				
		8	6		7			
9	2		4					
5			8			7		
	7		2			3	4	8
				3				1
		2		7	5		8	6
								3
	9	4		8				

MEDIUM

56

					9			5
				5			1	
		9	8	3			7	
		1				8		
		8	7	4			2	
6					2	5		
	2		6				5	
7			1					8
		6		9	8			

MEDIUM

57

8		9	1			4		
6					8			
				5	7		9	1
7	4					3		9
9								5
							8	4
				2			6	
		2	3	1				8
1		5	7		9			

MEDIUM

58

				8				1
1			4			2		3
7		3				9	5	
		8					4	
			3	5			9	7
5		4			6	3		
	6	9	5		2			
			6	4				
		5	7					

MEDIUM

59

9				2	1			
7								8
			4				2	
4	9		7			5		
	7		1	8				
	8		3			6		
						8		
2						9	3	7
1	3							2

MEDIUM

60

4	2	7	1				5	
					9		3	
1				6				2
6			8				9	
	4							
			9		5			6
		4	2					7
	9	2	6	8				1
8				9				

MEDIUM

61

			9				5	
							4	8
			7		4	2	9	
	8		6					
3			8	9		4		
	7	5					3	9
		1						6
7	9		3	5				
2		3		1			8	

MEDIUM

62

	9		5		1	3		
		5	7					8
			2				5	7
	8		6	4				
9					7		2	1
6				8				
8	3		1				7	9
					9	8		3

MEDIUM

63

2					6		5	
	7	4		8				2
				1			8	
	6		2					5
	1				7	8		
8		9		6				
	8	3		9				7
		5						1
9						5		

MEDIUM

64

	8	5				9		
9		2	4	3				
		6						8
	1	8		7		5	2	
	6		9	2	5			
			6	5	1			7
				9			8	
							1	

MEDIUM

65

	1			2			4	8
		9			3	2		
	7		5	6		3		
8	2			3		4		
							9	
		4						1
2		5						
					5			2
	9		8	1			5	

MEDIUM

66

	8	1						5
		3	8					1
6					4		2	8
				9		3		
	1	4		3	6			2
3		6					4	
					3	7		9
	5	2		4			1	

MEDIUM

67

				3	4			5
			1			2		3
				9		1	6	
	4			5			7	
9	8	5		1		4		
		2	8					
			5			6		9
		8						
5		3	4		7			1

MEDIUM

68

	8			5			1	
	1	3		2		6	4	
6						3		
		8						
				4			3	9
4					3		6	
					7			3
2				1		4		
8	5	1			9		2	

MEDIUM

69

	4		8	2				
								7
9	6		1			4		5
		8		1	2			
6		5	4					
	1		5	3				
	7							3
		1		6		8	7	4
		4			9		6	

MEDIUM

70

3			2		7			5
4			1					6
			5				1	9
	8		6		9			
1								
2	5	6			8			
	1				5			
		8						7
					2	9	8	

MEDIUM

71

	2		8			7		4
	1	6				2		
	3		9			6		
			7	3	2			5
			6					
					5	3		1
	4			5				
					6			2
1		5						7

MEDIUM

72

		3	9					5
1							7	
	7	5	6				1	8
	3							
8				7				1
			8			4		7
3	5	9		4				6
6			5				8	
				2		7		

MEDIUM

73

		4	8	9	5		1	
2				4			5	
					7	9		
	1		5		3	4		2
					9			
	8	6				5		
6		1					8	
	5						3	4
	3	7				1		

MEDIUM

74

			5		3		8	
7		1		6				9
		8	6			4		
4		6	7					
	2		4	1			9	
6		9	1				2	8
	8	2		9				
					8			5

MEDIUM

75

6				3				8
			8	1				7
5				7		4		9
8								
	2					1		3
9	7	3				2		
	8					7		
			2		1	9		
		2		4				

MEDIUM

76

5			2	7		3		
6			1			4		
9		1	5					
			6	9			8	
						1		
				8		2	5	6
7								8
	9	8		2				
				5			1	

MEDIUM

77

		2		7	4	8		
							5	2
	5		2					
	4							3
3					6	5	7	
		8						
5			6					8
6				2	9	1		
	7	3			5	4		

MEDIUM

78

					4		8	
	7	6	3	1				
	4			5	6			2
9		1				5		3
		3						7
							2	9
			1		7		3	6
	3	2		6		9		
		8	2					

MEDIUM

79

6				4	2			
2					8			4
4	1		7				9	
5		3					8	
	2			6	1	9		
	9		8		7			
1				2	9	8	7	
		8				5		

MEDIUM

80

		3	9	5	6			
1		2			4	9	6	
6	5			8	7			
9		1				5		
3								1
			5				1	
			2	3	9			4
							2	

MEDIUM

81

							1	
6		9				8		
		8				5	2	6
2		7			5		3	
5			1		9			
1					6		4	
		5				1		
		2	8	9				
					7			8

MEDIUM

82

	8						7	
	7		6	3		9		
		5			9		4	
					1			4
	1		7	2		6		
				4		8		
9			5			4		
		6	8					7
	5			1	7			

MEDIUM

83

9								4
4		2		1		9	8	
		8		3			6	
		4	9					2
	7	9		2				
						6		
	9		5					
2				8				1
		1	7			8	3	6

MEDIUM

84

6				7				
			2					
	1	8			6			9
		4			9		5	3
2					8	9		
		7	6	1				8
5	8							
		2	5				1	7
				8		5		

MEDIUM

85

4				3		6		2
	5				7		4	
8		1		9			5	
					2	3		
5			6	4			2	
								7
3		6		7				1
			4		1			
	1					4		

MEDIUM

86

		3	8		6			
		8	1			6		
	9	6		4				2
1							7	
		9	2		8		1	4
	2		4	1				
	8		9		3		2	
5		7						1

MEDIUM

87

	9		7				6	
				8			2	
3		5		2		9		
	2	1		7				
8			3					2
7					9	6		
	1							6
		6				8		
2		4		1		3		

MEDIUM

88

	8				1		5	
	7				9	2	6	
			5		4		9	
		3			2			
5						9		
			3	4		6		
9	6	1				3		
	5							
3						4	1	

MEDIUM

89

		2				7	5	6
	4	1	7	5		3		
	5	4		6				
	2				4			
6	7					8		9
			4				6	
					3	5	1	2
			1					

MEDIUM

90

		5	7		1	2		
8			5					
							5	8
		2						
	6		9			8		1
7							6	
	8			9			2	
1		6	8			7		
	9		3		5	4		

MEDIUM

91

6		2						
					7		4	1
	5			8	1		3	
	3			1				
7					4			9
		9						
	7			3				6
			5		6		1	
5						8		7

HARD

92

								4
		8		6				
		4	3		7		9	1
			9			4	3	
				4			8	7
					5			
6			5	1		9		
	8	5	4					
2					3			

HARD

93

4		5					2	
	7		3		2			
3				9		4		
6			1				4	
								6
				7		9		
	9		7	5		2		
7	1		4					
							3	8

HARD

94

5								
		3		5		9		
	8							6
7		2						
			9	6		3		
	1		8			6		4
	3			2				8
			6			2	1	
		1		3	4			

HARD

95

	9	6		4				
2	5							8
	3					7		
	7		1					6
				7	8	9		
			9		3		8	
			5	9	4			
						8	5	
7	6		3					

HARD

96

8								
					3		5	
1	4				8	6		7
						9		
	7	8						4
6	3						8	
		4		5			1	9
			3		9			8
				2		7		

HARD

97

		5		7				
	8		6					7
7								4
					5			
				1		6		
		6	2	4	8	5		
8		9				2	4	
	6				3		8	
2	7						3	

HARD

98

	6				8			
	3		2	9		7		1
								3
				4				
					3	6		9
			7			2	3	
	4	6	3					
5				2				
8			4		1		7	

HARD

99

				5	8			
	6	7				9		
						5	4	3
6	3							4
	5	2	8					
	9				7			
	7		6			1		
					3		8	7
				8		3	9	

HARD

100

					4		8	
5		4	6				3	7
			2		3		6	
3				9		6		
				6	7	1		
		1		8			7	
9	5			2	1	8		
			8					
		6						

HARD

101

			6					
		7	5		4	8		
				8		2		1
				3				
		2		4		5		8
	8				1			6
	1				5			3
		5	3				4	
7							9	

HARD

102

	8			6				3
	4	2	9		8			
	3			7	2			
		6					1	
								5
		5	6			2	4	8
			5				7	
4					7			
7				8		6		

HARD

103

	9			3				7
2					4			
6			7				9	
						9		
	8			5				3
	5	7	1			6		
	3	1				5		
		5	4				7	6
						8		

HARD

104

			7	4		2		
	5		1					
6			3		9			
			4		5			1
	6	3						
						7	2	3
4			5					8
	7					5	6	
		6					1	7

HARD

105

			3	6				8
			7		8		4	
				-	9			
		3						5
		8	4	1		6	7	
				8				
	3	9					8	
5					4		9	1
2						7		

HARD

106

				8			3	9
			7			2		
4				9	1	5		
			9					
	3	6			8			
8	7			4				
		8						
					5			3
	4	1	6	7				8

HARD

107

	8				3	9		
7			2					1
	9			6			2	3
5	2						3	
						4		7
							5	
				2				6
	6		5	9				
	1	2	8					

HARD

108

		5	1				3	
	8			9			4	
	4							
							6	
			6			5	9	7
	7			5	1			
7						2	5	
	2		7	8	5			
	1				6	9		3

HARD

109

1					8	6		4
	2	7						
				6	9	3		
	1		4	3				
					6	2	1	
3				2				8
8								6
		5						
	3			5		9		

HARD

110

					1			3
	9		3					
	3			4			2	
		8	7	3				
		4		2		8		
7		9	4		5			
						1		
1					2	4	7	9
2								6

HARD

111

	6							1
		8		6	7		9	3
	3	5						8
		1						
5	4		7		2	1		
				8				
8	9					4		
1				4				9
2					3	8		

HARD

112

		6		1	3			5
1	4			9				
		2	8					
9			7	8		3	5	
4					6			
						9		
			1					
				5			8	9
					9	7	4	

HARD

113

	4	7		9				
			3					
9	8				5			
5				2	3			6
					9	3	4	
			8					1
	5	2	7		8	9		
				6		4		
		9						

HARD

114

4	9							
		8	6	3				1
				5		3		2
		1	3					
	5			2		7		
7								
		5	1			9		
				9	8			3
	8					5	6	

HARD

115

	9							
7			5					3
	1			8		2		5
		3						
1		2		4		5		
	5					8		7
				4			6	
		9		2			1	
2			7					9

HARD

116

				1			7	6
			8			1	5	
					2			
		7		9				
		1	5		6		8	4
								1
3					5			
	7	2	1					
9			2	4		8		

HARD

117

	4				6	1		
				5				
	5			9			3	
				2		8	9	6
3		4		1				7
2	6		8					
				8			6	1
6	3	8				7		
	7							

HARD

118

		2	6		5			
	6			4	1			
7								
		6				1		7
5							8	
	9	7	2				3	
4		5		9	2			6
	3							1
				6				

HARD

119

		6	8	9				
3	2			6			5	
4								
		2	6	3			9	
	8		4			6		
		1						
	3		1			8		
1					2		3	
					7			5

HARD

120

		9						
3	8							
		2	6	9				
5			4			2		
	1			8				6
	2	6	5				7	
	7						6	
			7				5	9
			1		6			4

HARD

121

8			3		1			
						4	7	
3		9			2			6
		3						2
1			5				8	
						5		
		2	7					8
7	6				3			
			8	9			6	

HARD

122

9				8		3		
			4				8	7
		7		9	5			
7			3			5	4	
			1	4			9	
	2	8						
3						4		
		9		6			1	
	6							

HARD

123

8	3	4						
							7	4
		2	5		6			
		9	6			5		
6	7						8	
	2	8						7
			4		1	7		
			2				6	
3			8	5				

HARD

124

	8	1	5			6		2
							3	
5								
		5		4			8	
	4	3	8					
		6	3			7		
1	7			3				
3				7	4	2	9	
	9			5				

HARD

125

								7
4	1						6	
	5	6				2		
					1		3	
9	2				6	5		4
6								
			1		7	6		
				8				5
		2		3		7	9	

HARD

126

9		6		4				
2			5	1				
			6				2	
5			2				7	6
4					7	5		
	3			6			9	
						8	3	
								1
6	1							7

HARD

127

		1		8			5	
	8	9			4			7
7			9					6
		4			8			
				3	7			4
				6		8		1
	3							
2		5						
	9						3	8

HARD

128

9	5					3	4	
	8					9		2
	3			8				7
				6				
6			9	3	5		7	
7					1			
		2	7					3
					2		6	
		5				2		

HARD

129

		7						5
				7		6		4
			5	1		9		
	4			9			2	
		1			8	5		
5		2		4				7
2				5	6			
	3	8						
6								

HARD

130

				3	8			9
						5	2	
								3
9					6		7	
		4			7	9		8
	8			5		1		
	6		8		1			
	3	7			4			
		8				4		

HARD

131

7			4				6	
	2			6		4	1	
		8		2	9			
	7							
	8		5		2		3	
					8	2	9	
						7		6
		1						3
5			9					

EXPERT

132

1	5						4	7
	8			2			6	
				1	7			
	1	6						
8			4					9
		4					3	6
		3			5			
2			9					
	6					2		3

EXPERT

133

2		9			5		6	
				6	3	9	7	
8					4			
1		4						
					9			
9	2	8				6	5	
					7		1	
5								4
			9			3		5

EXPERT

134

			7		5	9		
	6		1					
			4			2		1
9	4		8	1		5		
		1		4	7	3		
						8		
		6		9				2
	2						9	
			6		8	7		

EXPERT

135

1			3			4		5
	9		4					7
	3	2						
5				7		3	2	9
								4
	7							
		3	7		1	8	6	
			6		2	7		
			8					

EXPERT

136

	4				8	3	7	9
					9	4		
		1					2	
		8					1	
			7	5		6	8	
7		6				9		
1	6	4		3	7			
3				4				
			5					

EXPERT

137

						5		
				9	5	2	7	
			6	4		3		1
7		2		8				
	8			3				
		3				4	5	
2		6			3			
		7	4		9			6
		9				7		

EXPERT

138

					7			
		7	5			3	9	1
							4	
6	1					7		
8								
7	2			3		8		6
				1	3			
3			2			4	5	
4					9		7	

EXPERT

139

1			5			9	6	4
	7							8
			6			1		
3	1	7	4		9			
				2				
		9			1			
	5							7
				4	2	3		5
	3	4				6		

EXPERT

140

	6			4				
			7			4		3
		1			3			
			2	7				
				5		7	4	
		5			9	1		
3			9				7	
			6		2	8	5	
2	8							

EXPERT

141

2				1				
	3							
1		5	2	8	4			
3	5					6		4
			4	5				7
			6			8		
			8			9		
		7						2
		6			2	5	7	1

EXPERT

142

					7			
				2	5		6	1
			8		3	7	4	
3		1				5		
		4			8			
		8		1		4		6
		5	7		6			
8		3					9	
	9						5	

EXPERT

143

			7			2		
		5	9		8	4		
	8	6				3	5	
			1		2			
						8		
	5	4	8	9	7			
2			4					
4	3							8
		1				6		

EXPERT

144

			6		7			
3								9
		4	1					
	7							
				9	5	8		
	8			1		5		3
7				6				2
	5			4	2		6	
		8				9	5	

EXPERT

145

				1	2			
5								
			6	5	4	8	9	
3						1		
		5					7	8
				8				2
7	9					3	5	
2				4				
8				6	5	9		

EXPERT

146

		3	1					
			4		7	6		
			9			2		1
6		9	5	1		7		
						5		
	1			9	4	8		
		2					6	
	3			6				2
			3		5	4		

EXPERT

147

							7	
7	6	8	4	3				
1	2							
3					2			
			9		3	7		
				1			5	
6							2	
8	7			4			3	
			7	5			9	4

EXPERT

148

		9					6	
	7							
1		6				8	4	9
				3			1	8
			4					2
	1	7	2	8				
			5					4
3				9				
2			1	6	3	9		

EXPERT

149

5	7				9		3	
				3			5	
6							9	1
		6				4		
		4					1	3
			8	7			6	
				8				
8		5	3	1				
	9	7		6	2			

EXPERT

150

8		9		1		7		
		4			6	8		
			2		7			
						5		
5	3		7			4		1
4						3		2
7	2	6		9			4	
		8						
					4			

EXPERT

1

6	3	8	4	1	2	5	9	7
9	5	2	7	6	8	3	4	1
7	4	1	5	3	9	6	8	2
5	7	6	9	4	1	8	2	3
3	2	9	8	5	7	4	1	6
1	8	4	6	2	3	7	5	9
8	9	3	2	7	5	1	6	4
4	1	5	3	9	6	2	7	8
2	6	7	1	8	4	9	3	5

2

7	3	4	8	1	2	5	6	9
9	2	1	5	4	6	8	7	3
5	8	6	7	3	9	1	2	4
8	6	2	1	9	3	4	5	7
3	9	7	2	5	4	6	8	1
1	4	5	6	8	7	3	9	2
4	7	3	9	6	5	2	1	8
6	1	9	3	2	8	7	4	5
2	5	8	4	7	1	9	3	6

3

3	7	5	1	6	9	2	8	4
8	2	1	7	5	4	6	3	9
6	9	4	3	2	8	7	1	5
2	4	9	5	1	3	8	7	6
7	5	3	6	8	2	9	4	1
1	6	8	9	4	7	3	5	2
9	3	6	4	7	5	1	2	8
4	8	7	2	9	1	5	6	3
5	1	2	8	3	6	4	9	7

4

6	1	7	4	5	9	8	2	3
9	8	5	2	3	6	4	7	1
3	2	4	7	1	8	9	6	5
1	5	9	3	8	7	6	4	2
7	4	2	9	6	5	3	1	8
8	3	6	1	4	2	5	9	7
4	7	8	5	9	1	2	3	6
5	9	1	6	2	3	7	8	4
2	6	3	8	7	4	1	5	9

SOLUTIONS

5

7	3	8	6	9	4	1	2	5
1	9	5	2	8	3	6	4	7
6	4	2	1	5	7	8	9	3
4	7	1	3	6	5	9	8	2
5	8	6	4	2	9	7	3	1
3	2	9	7	1	8	4	5	6
2	6	4	8	3	1	5	7	9
9	1	7	5	4	2	3	6	8
8	5	3	9	7	6	2	1	4

6

1	4	9	6	3	2	5	7	8
7	2	5	8	1	9	6	3	4
8	6	3	7	5	4	1	9	2
3	8	7	1	2	6	4	5	9
5	1	2	9	4	8	3	6	7
6	9	4	3	7	5	2	8	1
9	5	8	4	6	1	7	2	3
2	3	1	5	9	7	8	4	6
4	7	6	2	8	3	9	1	5

7

1	8	9	3	6	4	5	7	2
4	7	3	9	2	5	8	6	1
5	2	6	1	8	7	9	3	4
8	6	5	4	3	9	1	2	7
3	4	7	2	5	1	6	8	9
9	1	2	6	7	8	3	4	5
7	9	1	8	4	3	2	5	6
2	3	4	5	1	6	7	9	8
6	5	8	7	9	2	4	1	3

8

6	4	3	9	7	1	8	5	2
9	1	5	3	2	8	6	7	4
7	2	8	5	6	4	1	3	9
5	7	2	1	9	6	3	4	8
8	9	1	2	4	3	7	6	5
4	3	6	7	8	5	2	9	1
3	8	4	6	5	2	9	1	7
2	6	7	4	1	9	5	8	3
1	5	9	8	3	7	4	2	6

SOLUTIONS

9

7	3	8	5	9	4	2	1	6
4	9	2	1	6	3	5	7	8
5	6	1	7	8	2	9	4	3
2	7	6	4	5	8	3	9	1
9	8	4	3	7	1	6	5	2
1	5	3	9	2	6	7	8	4
3	4	9	6	1	5	8	2	7
8	1	7	2	3	9	4	6	5
6	2	5	8	4	7	1	3	9

10

7	4	1	3	2	9	6	5	8
2	8	9	4	6	5	1	3	7
3	6	5	8	1	7	9	2	4
8	7	6	5	3	1	2	4	9
4	1	3	2	9	6	8	7	5
9	5	2	7	8	4	3	6	1
1	3	7	6	5	8	4	9	2
5	2	8	9	4	3	7	1	6
6	9	4	1	7	2	5	8	3

11

9	3	4	7	8	2	1	5	6
6	5	8	9	1	3	7	2	4
2	1	7	5	4	6	3	9	8
5	8	1	3	2	7	6	4	9
4	9	3	8	6	5	2	7	1
7	2	6	1	9	4	5	8	3
3	4	9	2	5	1	8	6	7
8	7	5	6	3	9	4	1	2
1	6	2	4	7	8	9	3	5

12

4	5	8	9	3	6	1	7	2
1	9	6	2	4	7	8	3	5
2	7	3	1	8	5	9	4	6
9	1	5	6	7	8	3	2	4
3	2	7	4	1	9	5	6	8
8	6	4	5	2	3	7	9	1
7	8	1	3	6	2	4	5	9
6	3	9	8	5	4	2	1	7
5	4	2	7	9	1	6	8	3

SOLUTIONS

13

4	5	3	8	6	9	1	2	7
6	9	7	1	2	3	5	4	8
2	8	1	5	4	7	9	6	3
3	1	2	6	5	8	7	9	4
7	6	9	3	1	4	8	5	2
8	4	5	9	7	2	6	3	1
5	7	8	4	3	6	2	1	9
9	3	6	2	8	1	4	7	5
1	2	4	7	9	5	3	8	6

14

7	2	4	8	5	9	6	3	1
8	6	5	1	7	3	2	9	4
9	3	1	6	2	4	5	8	7
2	5	9	3	4	7	8	1	6
6	1	3	5	9	8	7	4	2
4	7	8	2	1	6	9	5	3
1	8	7	9	3	2	4	6	5
5	9	2	4	6	1	3	7	8
3	4	6	7	8	5	1	2	9

15

3	9	1	5	2	4	7	8	6
4	7	8	6	9	1	2	5	3
6	2	5	3	7	8	9	4	1
7	5	3	4	8	2	6	1	9
9	8	4	7	1	6	3	2	5
1	6	2	9	3	5	4	7	8
8	3	7	1	4	9	5	6	2
2	4	6	8	5	3	1	9	7
5	1	9	2	6	7	8	3	4

16

9	5	2	8	3	1	7	4	6
6	4	3	9	5	7	1	2	8
8	1	7	4	2	6	5	3	9
3	7	1	2	6	5	8	9	4
4	8	6	3	1	9	2	7	5
2	9	5	7	8	4	6	1	3
7	6	4	1	9	8	3	5	2
5	2	9	6	7	3	4	8	1
1	3	8	5	4	2	9	6	7

SOLUTIONS

17

8	4	6	5	2	7	1	3	9
2	3	7	9	1	4	5	8	6
9	1	5	8	6	3	4	2	7
7	5	9	6	8	2	3	4	1
6	2	4	3	7	1	9	5	8
1	8	3	4	9	5	6	7	2
3	6	1	7	5	8	2	9	4
5	9	8	2	4	6	7	1	3
4	7	2	1	3	9	8	6	5

18

8	2	3	7	1	4	5	6	9
5	6	7	9	2	8	3	1	4
1	4	9	5	3	6	2	8	7
4	7	8	6	5	2	9	3	1
9	3	2	1	8	7	4	5	6
6	1	5	3	4	9	8	7	2
7	9	4	8	6	5	1	2	3
2	8	1	4	7	3	6	9	5
3	5	6	2	9	1	7	4	8

19

9	8	5	3	1	7	6	4	2
1	6	3	2	4	5	8	7	9
2	4	7	6	9	8	3	1	5
6	7	9	4	5	2	1	8	3
8	3	4	1	6	9	2	5	7
5	2	1	7	8	3	4	9	6
7	5	6	8	3	1	9	2	4
3	9	8	5	2	4	7	6	1
4	1	2	9	7	6	5	3	8

20

1	8	3	9	6	5	7	2	4
9	6	7	4	1	2	8	5	3
5	2	4	8	3	7	9	1	6
8	5	6	1	2	9	3	4	7
4	1	2	7	8	3	6	9	5
3	7	9	5	4	6	2	8	1
2	9	1	3	7	4	5	6	8
6	3	8	2	5	1	4	7	9
7	4	5	6	9	8	1	3	2

SOLUTIONS

21

1	6	2	8	4	5	9	3	7
9	7	5	6	2	3	4	8	1
4	3	8	1	9	7	5	2	6
2	8	6	7	5	4	3	1	9
5	9	7	3	8	1	2	6	4
3	4	1	2	6	9	8	7	5
6	5	3	9	7	8	1	4	2
8	2	9	4	1	6	7	5	3
7	1	4	5	3	2	6	9	8

22

7	3	8	4	9	1	5	2	6
2	6	5	7	3	8	9	1	4
4	1	9	5	2	6	7	8	3
1	9	6	8	4	5	3	7	2
8	5	2	6	7	3	1	4	9
3	4	7	9	1	2	8	6	5
5	7	3	1	6	4	2	9	8
9	2	4	3	8	7	6	5	1
6	8	1	2	5	9	4	3	7

23

3	9	5	2	4	8	6	1	7
8	6	1	7	5	3	4	2	9
2	7	4	1	9	6	8	5	3
4	2	7	3	6	5	9	8	1
5	1	8	9	7	2	3	6	4
9	3	6	8	1	4	2	7	5
6	5	3	4	2	1	7	9	8
1	8	9	6	3	7	5	4	2
7	4	2	5	8	9	1	3	6

24

9	7	6	1	5	3	4	2	8
5	8	2	9	4	6	7	3	1
4	1	3	8	7	2	5	9	6
1	2	8	5	3	9	6	4	7
7	5	9	6	2	4	8	1	3
6	3	4	7	8	1	9	5	2
3	9	1	4	6	8	2	7	5
8	4	7	2	1	5	3	6	9
2	6	5	3	9	7	1	8	4

SOLUTIONS

25

2	4	6	5	9	3	7	8	1
1	5	7	2	6	8	9	3	4
3	8	9	4	1	7	6	2	5
7	1	8	6	3	9	4	5	2
4	6	2	8	7	5	3	1	9
5	9	3	1	2	4	8	6	7
9	7	1	3	5	6	2	4	8
6	2	4	9	8	1	5	7	3
8	3	5	7	4	2	1	9	6

26

7	8	3	6	2	4	1	9	5
2	6	5	7	1	9	3	4	8
9	4	1	3	8	5	2	7	6
8	3	2	4	7	6	9	5	1
4	5	6	9	3	1	7	8	2
1	9	7	2	5	8	6	3	4
5	7	8	1	9	2	4	6	3
6	1	9	8	4	3	5	2	7
3	2	4	5	6	7	8	1	9

27

5	7	4	3	1	6	8	2	9
9	3	6	2	8	7	4	5	1
8	2	1	9	5	4	6	7	3
4	8	7	1	9	2	3	6	5
6	5	2	7	4	3	9	1	8
1	9	3	8	6	5	7	4	2
3	1	5	4	7	9	2	8	6
2	4	8	6	3	1	5	9	7
7	6	9	5	2	8	1	3	4

28

4	8	6	5	7	2	9	1	3
1	9	5	8	3	6	7	4	2
3	2	7	9	4	1	6	5	8
8	1	3	4	5	9	2	6	7
2	6	4	3	1	7	8	9	5
5	7	9	6	2	8	1	3	4
7	4	2	1	9	3	5	8	6
9	5	8	2	6	4	3	7	1
6	3	1	7	8	5	4	2	9

SOLUTIONS

29

8	4	2	1	9	3	5	6	7
3	1	5	6	2	7	8	4	9
7	9	6	5	4	8	2	3	1
4	8	9	3	7	6	1	2	5
1	2	3	4	8	5	9	7	6
6	5	7	2	1	9	4	8	3
2	7	1	9	6	4	3	5	8
9	3	8	7	5	2	6	1	4
5	6	4	8	3	1	7	9	2

30

9	2	3	8	7	1	4	6	5
4	6	7	5	9	2	8	1	3
1	8	5	3	6	4	2	7	9
6	4	1	9	2	5	7	3	8
3	5	8	7	1	6	9	2	4
7	9	2	4	3	8	1	5	6
2	1	9	6	4	3	5	8	7
5	7	6	2	8	9	3	4	1
8	3	4	1	5	7	6	9	2

31

4	1	9	2	8	3	6	5	7
5	3	2	7	6	9	4	1	8
8	7	6	1	5	4	9	2	3
3	2	1	5	9	7	8	4	6
6	4	7	3	2	8	5	9	1
9	5	8	4	1	6	7	3	2
2	6	4	9	7	1	3	8	5
1	8	3	6	4	5	2	7	9
7	9	5	8	3	2	1	6	4

32

2	5	9	1	8	6	4	3	7
7	6	3	5	4	9	8	1	2
8	1	4	2	7	3	6	5	9
6	9	8	4	5	2	1	7	3
5	3	7	6	1	8	2	9	4
1	4	2	3	9	7	5	6	8
3	2	5	7	6	4	9	8	1
4	8	6	9	3	1	7	2	5
9	7	1	8	2	5	3	4	6

SOLUTIONS

33

7	5	9	2	1	6	4	3	8
3	4	1	9	5	8	6	7	2
8	2	6	7	3	4	5	1	9
9	1	7	6	2	5	3	8	4
4	6	3	8	7	9	1	2	5
2	8	5	3	4	1	9	6	7
6	7	2	4	9	3	8	5	1
1	9	8	5	6	7	2	4	3
5	3	4	1	8	2	7	9	6

34

2	9	4	1	7	5	3	6	8
1	3	7	6	8	2	4	9	5
8	6	5	3	4	9	2	1	7
5	2	6	9	3	8	7	4	1
9	4	3	7	2	1	5	8	6
7	8	1	5	6	4	9	3	2
4	1	9	2	5	6	8	7	3
6	7	2	8	9	3	1	5	4
3	5	8	4	1	7	6	2	9

35

1	5	3	8	2	9	6	7	4
7	9	6	1	3	4	2	5	8
2	8	4	6	7	5	1	9	3
8	7	2	4	5	1	9	3	6
6	4	9	3	8	2	5	1	7
5	3	1	9	6	7	8	4	2
4	2	7	5	9	8	3	6	1
3	1	5	2	4	6	7	8	9
9	6	8	7	1	3	4	2	5

36

3	7	4	8	5	6	1	9	2
6	5	9	4	1	2	7	3	8
2	1	8	3	7	9	5	6	4
5	8	6	2	9	1	3	4	7
4	9	7	6	3	8	2	1	5
1	2	3	7	4	5	6	8	9
7	4	2	1	8	3	9	5	6
9	6	1	5	2	4	8	7	3
8	3	5	9	6	7	4	2	1

SOLUTIONS

37

8	6	1	4	3	7	9	2	5
7	3	2	6	5	9	4	8	1
4	9	5	8	1	2	3	7	6
6	4	7	9	8	1	5	3	2
2	5	8	3	4	6	1	9	7
3	1	9	7	2	5	6	4	8
1	8	6	2	9	4	7	5	3
5	2	4	1	7	3	8	6	9
9	7	3	5	6	8	2	1	4

38

2	7	3	1	8	4	9	5	6
4	1	9	6	5	2	3	7	8
5	8	6	3	9	7	1	4	2
7	9	2	8	3	6	5	1	4
8	3	4	2	1	5	7	6	9
6	5	1	4	7	9	8	2	3
1	4	7	9	6	8	2	3	5
9	6	5	7	2	3	4	8	1
3	2	8	5	4	1	6	9	7

39

5	9	4	7	2	8	6	1	3
7	8	3	5	6	1	9	4	2
2	1	6	9	4	3	8	5	7
6	5	9	2	3	4	1	7	8
3	7	8	6	1	9	5	2	4
1	4	2	8	7	5	3	9	6
4	2	1	3	5	6	7	8	9
8	6	7	1	9	2	4	3	5
9	3	5	4	8	7	2	6	1

40

2	9	4	1	5	6	7	8	3
6	8	5	3	4	7	1	9	2
7	3	1	8	9	2	4	6	5
5	4	6	9	1	8	3	2	7
9	1	2	7	3	4	8	5	6
3	7	8	6	2	5	9	4	1
1	6	9	5	8	3	2	7	4
8	2	7	4	6	1	5	3	9
4	5	3	2	7	9	6	1	8

SOLUTIONS

41

7	1	8	2	4	3	9	6	5
2	5	4	6	9	1	8	3	7
9	3	6	8	5	7	2	1	4
6	2	1	4	7	8	5	9	3
3	4	5	1	2	9	7	8	6
8	7	9	3	6	5	1	4	2
1	6	3	7	8	2	4	5	9
4	9	2	5	1	6	3	7	8
5	8	7	9	3	4	6	2	1

42

1	7	3	5	9	4	2	8	6
6	9	5	2	8	7	3	1	4
4	8	2	6	3	1	7	5	9
9	5	4	8	7	2	1	6	3
8	1	6	3	4	5	9	7	2
3	2	7	1	6	9	5	4	8
2	6	1	9	5	8	4	3	7
7	3	9	4	1	6	8	2	5
5	4	8	7	2	3	6	9	1

43

1	6	3	8	7	2	5	9	4
4	9	2	1	5	6	7	8	3
5	8	7	3	9	4	2	1	6
2	5	4	9	6	1	3	7	8
7	1	8	4	2	3	6	5	9
9	3	6	5	8	7	1	4	2
8	7	9	6	3	5	4	2	1
6	2	1	7	4	8	9	3	5
3	4	5	2	1	9	8	6	7

44

9	8	5	7	4	2	6	3	1
6	4	3	1	8	5	7	2	9
1	7	2	9	3	6	8	5	4
2	5	6	3	7	9	4	1	8
8	3	1	5	6	4	2	9	7
4	9	7	8	2	1	5	6	3
3	2	4	6	9	7	1	8	5
5	6	8	4	1	3	9	7	2
7	1	9	2	5	8	3	4	6

SOLUTIONS

45

4	5	1	6	2	9	8	7	3
8	6	7	5	4	3	1	2	9
3	2	9	1	7	8	4	6	5
6	7	3	9	5	4	2	1	8
2	4	5	7	8	1	9	3	6
1	9	8	3	6	2	7	5	4
7	3	2	4	9	5	6	8	1
5	8	4	2	1	6	3	9	7
9	1	6	8	3	7	5	4	2

46

7	4	6	3	9	5	2	1	8
2	9	5	7	8	1	6	4	3
3	1	8	4	2	6	5	9	7
1	8	3	6	5	9	7	2	4
9	5	4	8	7	2	3	6	1
6	2	7	1	3	4	8	5	9
4	7	1	5	6	8	9	3	2
5	3	2	9	4	7	1	8	6
8	6	9	2	1	3	4	7	5

47

1	3	8	7	6	9	4	5	2
4	2	6	1	3	5	8	9	7
7	9	5	2	8	4	6	1	3
5	4	2	3	7	6	9	8	1
9	7	1	8	4	2	3	6	5
6	8	3	9	5	1	7	2	4
8	5	9	4	2	3	1	7	6
3	6	7	5	1	8	2	4	9
2	1	4	6	9	7	5	3	8

48

8	9	4	1	6	3	5	7	2
6	3	2	4	5	7	9	8	1
7	5	1	2	9	8	4	3	6
9	8	5	7	3	1	2	6	4
2	7	6	5	4	9	8	1	3
1	4	3	8	2	6	7	5	9
3	6	8	9	7	2	1	4	5
5	1	9	6	8	4	3	2	7
4	2	7	3	1	5	6	9	8

SOLUTIONS

49

3	9	5	7	1	2	4	8	6
6	4	1	5	9	8	3	2	7
7	2	8	4	6	3	5	1	9
1	5	2	6	3	7	8	9	4
4	6	9	2	8	1	7	3	5
8	7	3	9	5	4	1	6	2
2	1	7	3	4	6	9	5	8
5	3	6	8	7	9	2	4	1
9	8	4	1	2	5	6	7	3

50

5	6	1	7	9	4	3	2	8
9	8	7	1	2	3	4	6	5
4	2	3	6	5	8	9	1	7
8	9	6	2	3	7	5	4	1
1	7	4	8	6	5	2	9	3
3	5	2	9	4	1	7	8	6
2	3	9	5	1	6	8	7	4
6	4	8	3	7	2	1	5	9
7	1	5	4	8	9	6	3	2

51

3	8	1	6	9	5	4	7	2
6	7	5	1	4	2	9	3	8
2	4	9	7	3	8	5	1	6
5	3	7	2	1	9	6	8	4
1	2	4	8	6	3	7	5	9
9	6	8	4	5	7	1	2	3
4	9	2	5	8	1	3	6	7
8	5	3	9	7	6	2	4	1
7	1	6	3	2	4	8	9	5

52

3	7	9	6	1	2	5	8	4
4	8	6	7	5	9	2	1	3
1	2	5	8	3	4	6	7	9
9	1	3	5	6	7	8	4	2
7	5	4	2	9	8	3	6	1
8	6	2	3	4	1	9	5	7
5	3	7	4	2	6	1	9	8
2	9	8	1	7	5	4	3	6
6	4	1	9	8	3	7	2	5

SOLUTIONS

53

7	8	4	1	3	2	9	5	6
3	6	2	8	5	9	7	1	4
1	5	9	4	7	6	3	2	8
2	7	3	6	4	1	5	8	9
9	1	5	3	2	8	6	4	7
8	4	6	5	9	7	1	3	2
5	3	8	7	6	4	2	9	1
6	9	1	2	8	3	4	7	5
4	2	7	9	1	5	8	6	3

54

8	7	6	2	4	9	3	5	1
1	2	4	6	5	3	7	8	9
5	3	9	7	1	8	4	2	6
4	9	5	8	6	1	2	7	3
7	1	8	3	2	4	6	9	5
3	6	2	9	7	5	1	4	8
6	4	3	5	9	2	8	1	7
2	5	7	1	8	6	9	3	4
9	8	1	4	3	7	5	6	2

55

4	1	6	5	2	3	8	9	7
3	5	8	6	9	7	2	1	4
9	2	7	4	1	8	6	3	5
5	4	3	8	6	1	7	2	9
6	7	1	2	5	9	3	4	8
2	8	9	7	3	4	5	6	1
1	3	2	9	7	5	4	8	6
8	6	5	1	4	2	9	7	3
7	9	4	3	8	6	1	5	2

56

4	6	7	2	1	9	3	8	5
3	8	2	4	5	7	9	1	6
5	1	9	8	3	6	2	7	4
2	3	1	9	6	5	8	4	7
9	5	8	7	4	1	6	2	3
6	7	4	3	8	2	5	9	1
8	2	3	6	7	4	1	5	9
7	9	5	1	2	3	4	6	8
1	4	6	5	9	8	7	3	2

SOLUTIONS

57

8	5	9	1	3	2	4	7	6
6	1	7	4	9	8	5	3	2
2	3	4	6	5	7	8	9	1
7	4	1	8	6	5	3	2	9
9	8	6	2	4	3	7	1	5
5	2	3	9	7	1	6	8	4
3	9	8	5	2	4	1	6	7
4	7	2	3	1	6	9	5	8
1	6	5	7	8	9	2	4	3

58

4	5	2	9	8	3	7	6	1
1	9	6	4	7	5	2	8	3
7	8	3	2	6	1	9	5	4
9	3	8	1	2	7	6	4	5
6	2	1	3	5	4	8	9	7
5	7	4	8	9	6	3	1	2
3	6	9	5	1	2	4	7	8
2	1	7	6	4	8	5	3	9
8	4	5	7	3	9	1	2	6

59

9	6	3	8	2	1	7	5	4
7	2	4	5	3	6	1	9	8
8	1	5	4	9	7	3	2	6
4	9	1	7	6	2	5	8	3
3	7	6	1	8	5	2	4	9
5	8	2	3	4	9	6	7	1
6	4	9	2	7	3	8	1	5
2	5	8	6	1	4	9	3	7
1	3	7	9	5	8	4	6	2

60

4	2	7	1	3	8	6	5	9
5	8	6	7	2	9	1	3	4
1	3	9	5	6	4	8	7	2
6	1	3	8	7	2	4	9	5
9	4	5	3	1	6	7	2	8
2	7	8	9	4	5	3	1	6
3	6	4	2	5	1	9	8	7
7	9	2	6	8	3	5	4	1
8	5	1	4	9	7	2	6	3

SOLUTIONS

61

1	2	4	9	6	8	7	5	3
9	3	7	5	2	1	6	4	8
8	5	6	7	3	4	2	9	1
4	8	9	6	7	3	5	1	2
3	1	2	8	9	5	4	6	7
6	7	5	1	4	2	8	3	9
5	4	1	2	8	9	3	7	6
7	9	8	3	5	6	1	2	4
2	6	3	4	1	7	9	8	5

62

7	9	8	5	6	1	3	4	2
2	1	5	7	3	4	6	9	8
3	4	6	2	9	8	1	5	7
1	8	7	6	4	2	9	3	5
9	6	3	8	5	7	4	2	1
4	5	2	9	1	3	7	8	6
6	7	9	3	8	5	2	1	4
8	3	4	1	2	6	5	7	9
5	2	1	4	7	9	8	6	3

63

2	3	8	7	4	6	1	5	9
1	7	4	5	8	9	3	6	2
5	9	6	3	1	2	7	8	4
4	6	7	2	3	8	9	1	5
3	1	2	9	5	7	8	4	6
8	5	9	4	6	1	2	7	3
6	8	3	1	9	5	4	2	7
7	4	5	8	2	3	6	9	1
9	2	1	6	7	4	5	3	8

64

3	8	5	1	6	2	9	7	4
9	7	2	4	3	8	1	5	6
1	4	6	5	9	7	2	3	8
4	1	8	3	7	6	5	2	9
2	5	9	8	1	4	7	6	3
7	6	3	9	2	5	8	4	1
8	2	4	6	5	1	3	9	7
5	3	1	7	4	9	6	8	2
6	9	7	2	8	3	4	1	5

SOLUTIONS

65

3	1	6	7	2	9	5	4	8
5	8	9	1	4	3	2	7	6
4	7	2	5	6	8	3	1	9
8	2	7	9	3	1	4	6	5
6	5	1	2	8	4	7	9	3
9	3	4	6	5	7	8	2	1
2	4	5	3	9	6	1	8	7
1	6	8	4	7	5	9	3	2
7	9	3	8	1	2	6	5	4

66

2	8	1	9	6	7	4	3	5
9	4	3	8	5	2	6	7	1
6	7	5	3	1	4	9	2	8
5	2	7	4	9	1	3	8	6
8	1	4	7	3	6	5	9	2
3	9	6	2	8	5	1	4	7
4	6	8	1	2	3	7	5	9
7	5	2	6	4	9	8	1	3
1	3	9	5	7	8	2	6	4

67

2	1	9	6	3	4	7	8	5
6	5	4	1	7	8	2	9	3
8	3	7	2	9	5	1	6	4
1	4	6	3	5	2	9	7	8
9	8	5	7	1	6	4	3	2
3	7	2	8	4	9	5	1	6
7	2	1	5	8	3	6	4	9
4	6	8	9	2	1	3	5	7
5	9	3	4	6	7	8	2	1

68

7	8	4	3	5	6	9	1	2
5	1	3	9	2	8	6	4	7
6	2	9	1	7	4	3	8	5
3	9	8	5	6	1	2	7	4
1	6	5	7	4	2	8	3	9
4	7	2	8	9	3	5	6	1
9	4	6	2	8	7	1	5	3
2	3	7	6	1	5	4	9	8
8	5	1	4	3	9	7	2	6

SOLUTIONS

69

5	4	7	8	2	6	9	3	1
1	8	3	9	5	4	6	2	7
9	6	2	1	7	3	4	8	5
4	3	8	6	1	2	7	5	9
6	2	5	4	9	7	3	1	8
7	1	9	5	3	8	2	4	6
8	7	6	2	4	1	5	9	3
2	9	1	3	6	5	8	7	4
3	5	4	7	8	9	1	6	2

70

3	6	1	2	9	7	8	4	5
4	9	5	1	8	3	2	7	6
8	2	7	5	4	6	3	1	9
7	8	4	6	5	9	1	3	2
1	3	9	7	2	4	6	5	8
2	5	6	3	1	8	7	9	4
9	1	2	8	7	5	4	6	3
6	4	8	9	3	1	5	2	7
5	7	3	4	6	2	9	8	1

71

5	2	9	8	6	3	7	1	4
8	1	6	5	4	7	2	9	3
7	3	4	9	2	1	6	5	8
4	9	1	7	3	2	8	6	5
3	5	2	6	1	8	4	7	9
6	7	8	4	9	5	3	2	1
2	4	7	3	5	9	1	8	6
9	8	3	1	7	6	5	4	2
1	6	5	2	8	4	9	3	7

72

2	8	3	9	1	7	6	4	5
1	4	6	2	8	5	9	7	3
9	7	5	6	3	4	2	1	8
7	3	4	1	5	9	8	6	2
8	6	2	4	7	3	5	9	1
5	9	1	8	6	2	4	3	7
3	5	9	7	4	8	1	2	6
6	2	7	5	9	1	3	8	4
4	1	8	3	2	6	7	5	9

SOLUTIONS

73

3	7	4	8	9	5	2	1	6
2	9	8	1	4	6	3	5	7
1	6	5	3	2	7	9	4	8
7	1	9	5	8	3	4	6	2
5	2	3	4	6	9	8	7	1
4	8	6	2	7	1	5	9	3
6	4	1	9	3	2	7	8	5
9	5	2	7	1	8	6	3	4
8	3	7	6	5	4	1	2	9

74

2	9	4	5	7	3	6	8	1
7	3	1	8	6	4	2	5	9
8	6	5	9	2	1	7	4	3
9	5	8	6	3	2	4	1	7
4	1	6	7	8	9	5	3	2
3	2	7	4	1	5	8	9	6
6	4	9	1	5	7	3	2	8
5	8	2	3	9	6	1	7	4
1	7	3	2	4	8	9	6	5

75

6	1	7	4	3	9	5	2	8
2	9	4	8	1	5	3	6	7
5	3	8	6	7	2	4	1	9
8	5	1	7	2	3	6	9	4
4	2	6	5	9	8	1	7	3
9	7	3	1	6	4	2	8	5
1	8	9	3	5	6	7	4	2
7	4	5	2	8	1	9	3	6
3	6	2	9	4	7	8	5	1

76

5	8	4	2	7	9	3	6	1
6	2	7	1	3	8	4	9	5
9	3	1	5	6	4	8	2	7
2	1	3	6	9	5	7	8	4
8	6	5	7	4	2	1	3	9
4	7	9	3	8	1	2	5	6
7	5	2	9	1	3	6	4	8
1	9	8	4	2	6	5	7	3
3	4	6	8	5	7	9	1	2

SOLUTIONS

77

9	3	2	5	7	4	8	1	6
4	1	7	9	6	8	3	5	2
8	5	6	2	3	1	9	4	7
7	4	5	1	9	2	6	8	3
3	2	9	4	8	6	5	7	1
1	6	8	3	5	7	2	9	4
5	9	1	6	4	3	7	2	8
6	8	4	7	2	9	1	3	5
2	7	3	8	1	5	4	6	9

78

3	2	5	9	7	4	6	8	1
8	7	6	3	1	2	4	9	5
1	4	9	8	5	6	3	7	2
9	6	1	7	2	8	5	4	3
2	8	3	5	4	9	1	6	7
4	5	7	6	3	1	8	2	9
5	9	4	1	8	7	2	3	6
7	3	2	4	6	5	9	1	8
6	1	8	2	9	3	7	5	4

79

6	8	9	1	4	2	7	3	5
2	3	7	5	9	8	6	1	4
4	1	5	7	3	6	2	9	8
5	6	3	9	7	4	1	8	2
9	7	1	2	8	5	3	4	6
8	2	4	3	6	1	9	5	7
3	9	2	8	5	7	4	6	1
1	5	6	4	2	9	8	7	3
7	4	8	6	1	3	5	2	9

80

5	6	9	8	1	2	4	3	7
7	4	3	9	5	6	1	8	2
1	8	2	3	7	4	9	6	5
6	5	4	1	8	7	2	9	3
9	7	1	6	2	3	5	4	8
3	2	8	4	9	5	6	7	1
2	9	7	5	4	8	3	1	6
8	1	6	2	3	9	7	5	4
4	3	5	7	6	1	8	2	9

SOLUTIONS

81

7	2	4	5	6	8	3	1	9
6	5	9	3	1	2	8	7	4
3	1	8	9	7	4	5	2	6
2	9	7	4	8	5	6	3	1
5	4	6	1	3	9	2	8	7
1	8	3	7	2	6	9	4	5
8	7	5	6	4	3	1	9	2
4	6	2	8	9	1	7	5	3
9	3	1	2	5	7	4	6	8

82

2	8	9	1	5	4	3	7	6
4	7	1	6	3	8	9	5	2
6	3	5	2	7	9	1	4	8
5	6	3	9	8	1	7	2	4
8	1	4	7	2	5	6	9	3
7	9	2	3	4	6	8	1	5
9	2	7	5	6	3	4	8	1
1	4	6	8	9	2	5	3	7
3	5	8	4	1	7	2	6	9

83

9	3	6	2	5	8	7	1	4
4	5	2	6	1	7	9	8	3
7	1	8	4	3	9	2	6	5
3	8	4	9	7	6	1	5	2
6	7	9	1	2	5	3	4	8
1	2	5	8	4	3	6	7	9
8	9	3	5	6	1	4	2	7
2	6	7	3	8	4	5	9	1
5	4	1	7	9	2	8	3	6

84

6	2	9	8	7	1	4	3	5
7	3	5	2	9	4	6	8	1
4	1	8	3	5	6	7	2	9
8	6	4	7	2	9	1	5	3
2	5	1	4	3	8	9	7	6
3	9	7	6	1	5	2	4	8
5	8	6	1	4	7	3	9	2
9	4	2	5	6	3	8	1	7
1	7	3	9	8	2	5	6	4

SOLUTIONS

85

4	7	9	5	3	8	6	1	2
2	5	3	1	6	7	8	4	9
8	6	1	2	9	4	7	5	3
1	9	8	7	5	2	3	6	4
5	3	7	6	4	9	1	2	8
6	2	4	8	1	3	5	9	7
3	4	6	9	7	5	2	8	1
7	8	5	4	2	1	9	3	6
9	1	2	3	8	6	4	7	5

86

2	1	3	8	9	6	7	4	5
4	5	8	1	7	2	6	3	9
7	9	6	3	4	5	1	8	2
1	6	4	5	3	9	2	7	8
3	7	9	2	6	8	5	1	4
8	2	5	4	1	7	9	6	3
6	8	1	9	5	3	4	2	7
9	4	2	7	8	1	3	5	6
5	3	7	6	2	4	8	9	1

87

4	9	2	7	5	3	1	6	8
1	6	7	9	8	4	5	2	3
3	8	5	1	2	6	9	7	4
6	2	1	8	7	5	4	3	9
8	4	9	3	6	1	7	5	2
7	5	3	2	4	9	6	8	1
9	1	8	5	3	7	2	4	6
5	3	6	4	9	2	8	1	7
2	7	4	6	1	8	3	9	5

88

4	8	9	2	6	1	7	5	3
1	7	5	8	3	9	2	6	4
6	3	2	5	7	4	1	9	8
8	1	3	6	9	2	5	4	7
5	4	6	1	8	7	9	3	2
2	9	7	3	4	5	6	8	1
9	6	1	4	2	8	3	7	5
7	5	4	9	1	3	8	2	6
3	2	8	7	5	6	4	1	9

SOLUTIONS

89

3	8	2	9	4	1	7	5	6
7	6	5	2	3	8	1	9	4
9	4	1	7	5	6	3	2	8
8	5	4	3	6	9	2	7	1
1	2	9	8	7	4	6	3	5
6	7	3	5	1	2	8	4	9
5	1	8	4	2	7	9	6	3
4	9	7	6	8	3	5	1	2
2	3	6	1	9	5	4	8	7

90

6	3	5	7	8	1	2	9	4
8	2	9	4	5	6	3	1	7
4	7	1	2	3	9	6	5	8
9	4	2	1	6	8	5	7	3
5	6	3	9	7	2	8	4	1
7	1	8	5	4	3	9	6	2
3	8	4	6	9	7	1	2	5
1	5	6	8	2	4	7	3	9
2	9	7	3	1	5	4	8	6

91

6	1	2	4	9	3	5	7	8
3	9	8	2	5	7	6	4	1
4	5	7	6	8	1	9	3	2
8	3	6	9	1	5	7	2	4
7	2	5	3	6	4	1	8	9
1	4	9	7	2	8	3	6	5
2	7	1	8	3	9	4	5	6
9	8	4	5	7	6	2	1	3
5	6	3	1	4	2	8	9	7

92

7	2	3	1	5	9	8	6	4
1	9	8	2	6	4	3	7	5
5	6	4	3	8	7	2	9	1
8	5	2	9	7	1	4	3	6
3	1	9	6	4	2	5	8	7
4	7	6	8	3	5	1	2	9
6	3	7	5	1	8	9	4	2
9	8	5	4	2	6	7	1	3
2	4	1	7	9	3	6	5	8

SOLUTIONS

93

4	6	5	8	1	7	3	2	9
9	7	8	3	4	2	5	6	1
3	2	1	6	9	5	4	8	7
6	5	7	1	3	9	8	4	2
2	3	9	5	8	4	1	7	6
1	8	4	2	7	6	9	5	3
8	9	6	7	5	3	2	1	4
7	1	3	4	2	8	6	9	5
5	4	2	9	6	1	7	3	8

94

5	9	6	2	1	8	4	3	7
1	7	3	4	5	6	9	8	2
2	8	4	7	9	3	1	5	6
7	6	2	3	4	1	8	9	5
4	5	8	9	6	2	3	7	1
3	1	9	8	7	5	6	2	4
6	3	7	1	2	9	5	4	8
9	4	5	6	8	7	2	1	3
8	2	1	5	3	4	7	6	9

95

1	9	6	8	4	7	5	3	2
2	5	7	6	3	9	4	1	8
4	3	8	2	1	5	7	6	9
8	7	9	1	5	2	3	4	6
6	1	3	4	7	8	9	2	5
5	2	4	9	6	3	1	8	7
3	8	2	5	9	4	6	7	1
9	4	1	7	2	6	8	5	3
7	6	5	3	8	1	2	9	4

96

8	5	3	2	6	7	4	9	1
9	6	7	4	1	3	8	5	2
1	4	2	5	9	8	6	3	7
4	2	1	6	8	5	9	7	3
5	7	8	9	3	2	1	6	4
6	3	9	1	7	4	2	8	5
2	8	4	7	5	6	3	1	9
7	1	6	3	4	9	5	2	8
3	9	5	8	2	1	7	4	6

SOLUTIONS

97

6	4	5	8	7	1	3	9	2
9	8	2	6	3	4	1	5	7
7	1	3	5	9	2	8	6	4
3	2	8	7	6	5	4	1	9
4	5	7	3	1	9	6	2	8
1	9	6	2	4	8	5	7	3
8	3	9	1	5	7	2	4	6
5	6	4	9	2	3	7	8	1
2	7	1	4	8	6	9	3	5

98

1	6	7	5	3	8	9	2	4
4	3	8	2	9	6	7	5	1
9	2	5	1	7	4	8	6	3
3	8	9	6	4	2	5	1	7
2	7	1	8	5	3	6	4	9
6	5	4	7	1	9	2	3	8
7	4	6	3	8	5	1	9	2
5	1	3	9	2	7	4	8	6
8	9	2	4	6	1	3	7	5

99

1	4	3	9	5	8	7	6	2
5	6	7	4	3	2	9	1	8
2	8	9	1	7	6	5	4	3
6	3	1	2	9	5	8	7	4
7	5	2	8	1	4	6	3	9
8	9	4	3	6	7	2	5	1
3	7	8	6	4	9	1	2	5
9	1	6	5	2	3	4	8	7
4	2	5	7	8	1	3	9	6

100

6	3	7	9	5	4	2	8	1
5	2	4	6	1	8	9	3	7
1	8	9	2	7	3	4	6	5
3	7	8	1	9	2	6	5	4
4	9	5	3	6	7	1	2	8
2	6	1	4	8	5	3	7	9
9	5	3	7	2	1	8	4	6
7	1	2	8	4	6	5	9	3
8	4	6	5	3	9	7	1	2

SOLUTIONS

101

1	5	8	6	9	2	4	3	7
3	2	7	5	1	4	8	6	9
4	9	6	7	8	3	2	5	1
5	7	1	8	3	6	9	2	4
6	3	2	9	4	7	5	1	8
9	8	4	2	5	1	3	7	6
2	1	9	4	6	5	7	8	3
8	6	5	3	7	9	1	4	2
7	4	3	1	2	8	6	9	5

102

1	8	7	4	6	5	9	2	3
6	4	2	9	3	8	1	5	7
5	3	9	1	7	2	4	8	6
8	2	6	7	5	4	3	1	9
9	1	4	8	2	3	7	6	5
3	7	5	6	9	1	2	4	8
2	9	3	5	4	6	8	7	1
4	6	8	3	1	7	5	9	2
7	5	1	2	8	9	6	3	4

103

5	9	4	2	3	1	8	6	7
2	7	8	9	6	4	1	3	5
6	1	3	7	8	5	4	9	2
1	6	2	3	4	7	9	5	8
4	8	9	6	5	2	7	1	3
3	5	7	1	9	8	6	2	4
7	3	1	8	2	6	5	4	9
8	2	5	4	1	9	3	7	6
9	4	6	5	7	3	2	8	1

104

9	3	1	7	4	8	2	5	6
7	5	4	1	6	2	8	3	9
6	2	8	3	5	9	1	7	4
2	9	7	4	3	5	6	8	1
1	6	3	2	8	7	9	4	5
8	4	5	6	9	1	7	2	3
4	1	2	5	7	6	3	9	8
3	7	9	8	1	4	5	6	2
5	8	6	9	2	3	4	1	7

SOLUTIONS

105

7	1	4	3	6	9	2	5	8
3	9	2	7	5	8	1	4	6
8	6	5	2	4	1	9	3	7
1	4	3	6	9	7	8	2	5
9	5	8	4	1	2	6	7	3
6	2	7	5	8	3	4	1	9
4	3	9	1	7	6	5	8	2
5	7	6	8	2	4	3	9	1
2	8	1	9	3	5	7	6	4

106

6	1	7	5	8	2	4	3	9
5	9	3	7	6	4	2	8	1
4	8	2	3	9	1	5	7	6
1	2	4	9	3	7	8	6	5
9	3	6	2	5	8	7	1	4
8	7	5	1	4	6	3	9	2
3	5	8	4	1	9	6	2	7
7	6	9	8	2	5	1	4	3
2	4	1	6	7	3	9	5	8

107

2	8	6	4	1	3	9	7	5
7	5	3	2	8	9	6	4	1
4	9	1	7	6	5	8	2	3
5	2	9	6	4	7	1	3	8
1	3	8	9	5	2	4	6	7
6	7	4	1	3	8	2	5	9
9	4	5	3	2	1	7	8	6
8	6	7	5	9	4	3	1	2
3	1	2	8	7	6	5	9	4

108

2	9	5	1	7	4	8	3	6
6	8	7	2	9	3	1	4	5
1	4	3	5	6	8	7	2	9
9	5	2	8	3	7	4	6	1
8	3	1	6	4	2	5	9	7
4	7	6	9	5	1	3	8	2
7	6	4	3	1	9	2	5	8
3	2	9	7	8	5	6	1	4
5	1	8	4	2	6	9	7	3

SOLUTIONS

109

1	9	3	5	7	8	6	2	4
6	2	7	1	4	3	8	9	5
5	8	4	2	6	9	3	7	1
2	1	8	4	3	5	7	6	9
4	5	9	7	8	6	2	1	3
3	7	6	9	2	1	5	4	8
8	4	2	3	9	7	1	5	6
9	6	5	8	1	2	4	3	7
7	3	1	6	5	4	9	8	2

110

8	7	5	2	9	1	6	4	3
4	9	2	3	6	8	7	1	5
6	3	1	5	4	7	9	2	8
5	1	8	7	3	6	2	9	4
3	6	4	1	2	9	8	5	7
7	2	9	4	8	5	3	6	1
9	5	6	8	7	4	1	3	2
1	8	3	6	5	2	4	7	9
2	4	7	9	1	3	5	8	6

111

7	6	2	3	9	8	5	4	1
4	1	8	5	6	7	2	9	3
9	3	5	1	2	4	6	7	8
6	8	1	4	5	9	7	3	2
5	4	9	7	3	2	1	8	6
3	2	7	6	8	1	9	5	4
8	9	3	2	7	6	4	1	5
1	7	6	8	4	5	3	2	9
2	5	4	9	1	3	8	6	7

112

7	8	6	4	1	3	2	9	5
1	4	5	6	9	2	8	3	7
3	9	2	8	7	5	4	1	6
9	6	1	7	8	4	3	5	2
4	5	3	9	2	6	1	7	8
8	2	7	5	3	1	9	6	4
6	7	9	1	4	8	5	2	3
2	1	4	3	5	7	6	8	9
5	3	8	2	6	9	7	4	1

SOLUTIONS

113

3	4	7	1	9	6	5	2	8
2	1	5	3	8	4	6	7	9
9	8	6	2	7	5	1	3	4
5	9	1	4	2	3	7	8	6
7	2	8	6	1	9	3	4	5
6	3	4	8	5	7	2	9	1
1	5	2	7	4	8	9	6	3
8	7	3	9	6	1	4	5	2
4	6	9	5	3	2	8	1	7

114

4	9	3	7	1	2	6	8	5
5	2	8	6	3	9	4	7	1
6	1	7	8	5	4	3	9	2
9	6	1	3	8	7	2	5	4
8	5	4	9	2	1	7	3	6
7	3	2	4	6	5	8	1	9
3	4	5	1	7	6	9	2	8
2	7	6	5	9	8	1	4	3
1	8	9	2	4	3	5	6	7

115

3	9	5	4	7	2	6	8	1
7	2	8	5	1	6	9	4	3
4	1	6	9	8	3	2	7	5
8	6	3	2	5	7	1	9	4
1	7	2	8	4	9	5	3	6
9	5	4	6	3	1	8	2	7
5	8	7	1	9	4	3	6	2
6	4	9	3	2	5	7	1	8
2	3	1	7	6	8	4	5	9

116

5	4	8	9	1	3	2	7	6
7	2	3	8	6	4	1	5	9
1	6	9	7	5	2	4	3	8
4	8	7	3	9	1	5	6	2
2	9	1	5	7	6	3	8	4
6	3	5	4	2	8	7	9	1
3	1	4	6	8	5	9	2	7
8	7	2	1	3	9	6	4	5
9	5	6	2	4	7	8	1	3

SOLUTIONS

117

9	4	7	2	3	6	1	8	5
8	2	3	1	5	4	6	7	9
1	5	6	7	9	8	2	3	4
7	1	5	4	2	3	8	9	6
3	8	4	6	1	9	5	2	7
2	6	9	8	7	5	4	1	3
4	9	2	5	8	7	3	6	1
6	3	8	9	4	1	7	5	2
5	7	1	3	6	2	9	4	8

118

9	4	2	6	3	5	7	1	8
8	6	3	7	4	1	9	5	2
7	5	1	9	2	8	4	6	3
3	8	6	4	5	9	1	2	7
5	2	4	3	1	7	6	8	9
1	9	7	2	8	6	5	3	4
4	1	5	8	9	2	3	7	6
6	3	8	5	7	4	2	9	1
2	7	9	1	6	3	8	4	5

119

5	1	6	8	9	3	7	4	2
3	2	8	7	6	4	9	5	1
4	9	7	5	2	1	3	6	8
7	5	2	6	3	8	1	9	4
9	8	3	4	1	5	6	2	7
6	4	1	2	7	9	5	8	3
2	3	4	1	5	6	8	7	9
1	7	5	9	8	2	4	3	6
8	6	9	3	4	7	2	1	5

120

6	5	9	8	7	3	4	2	1
3	8	7	2	1	4	6	9	5
1	4	2	6	9	5	8	3	7
5	9	8	4	6	7	2	1	3
7	1	3	9	8	2	5	4	6
4	2	6	5	3	1	9	7	8
8	7	4	3	5	9	1	6	2
2	6	1	7	4	8	3	5	9
9	3	5	1	2	6	7	8	4

SOLUTIONS

121

8	4	6	3	7	1	9	2	5
2	1	5	9	6	8	4	7	3
3	7	9	4	5	2	8	1	6
6	5	3	1	8	4	7	9	2
1	2	7	5	3	9	6	8	4
9	8	4	6	2	7	5	3	1
5	9	2	7	1	6	3	4	8
7	6	8	2	4	3	1	5	9
4	3	1	8	9	5	2	6	7

122

9	4	2	7	8	1	3	6	5
5	1	6	4	3	2	9	8	7
8	3	7	6	9	5	1	2	4
7	9	1	3	2	6	5	4	8
6	5	3	1	4	8	7	9	2
4	2	8	9	5	7	6	3	1
3	8	5	2	1	9	4	7	6
2	7	9	5	6	4	8	1	3
1	6	4	8	7	3	2	5	9

123

8	3	4	7	1	2	9	5	6
1	5	6	3	9	8	2	7	4
7	9	2	5	4	6	3	1	8
4	1	9	6	8	7	5	2	3
6	7	3	9	2	5	4	8	1
5	2	8	1	3	4	6	9	7
2	8	5	4	6	1	7	3	9
9	4	1	2	7	3	8	6	5
3	6	7	8	5	9	1	4	2

124

4	8	1	5	9	3	6	7	2
2	6	7	4	8	1	5	3	9
5	3	9	2	6	7	4	1	8
9	2	5	7	4	6	1	8	3
7	4	3	8	1	5	9	2	6
8	1	6	3	2	9	7	5	4
1	7	4	9	3	2	8	6	5
3	5	8	6	7	4	2	9	1
6	9	2	1	5	8	3	4	7

SOLUTIONS

125

2	8	9	4	6	3	1	5	7
4	1	7	9	5	2	3	6	8
3	5	6	7	1	8	2	4	9
7	4	5	2	9	1	8	3	6
9	2	8	3	7	6	5	1	4
6	3	1	8	4	5	9	7	2
5	9	4	1	2	7	6	8	3
1	7	3	6	8	9	4	2	5
8	6	2	5	3	4	7	9	1

126

9	7	6	3	4	2	1	8	5
2	4	3	5	1	8	7	6	9
8	5	1	6	7	9	3	2	4
5	8	9	2	3	1	4	7	6
4	6	2	9	8	7	5	1	3
1	3	7	4	6	5	2	9	8
7	9	4	1	5	6	8	3	2
3	2	8	7	9	4	6	5	1
6	1	5	8	2	3	9	4	7

127

4	2	1	7	8	6	9	5	3
6	8	9	3	5	4	1	2	7
7	5	3	9	2	1	4	8	6
5	6	4	1	9	8	3	7	2
9	1	8	2	3	7	5	6	4
3	7	2	4	6	5	8	9	1
8	3	7	6	1	9	2	4	5
2	4	5	8	7	3	6	1	9
1	9	6	5	4	2	7	3	8

128

9	5	7	1	2	6	3	4	8
4	8	6	5	7	3	9	1	2
2	3	1	4	8	9	6	5	7
5	1	4	2	6	7	8	3	9
6	2	8	9	3	5	1	7	4
7	9	3	8	4	1	5	2	6
1	6	2	7	5	8	4	9	3
8	4	9	3	1	2	7	6	5
3	7	5	6	9	4	2	8	1

SOLUTIONS

129

9	8	7	6	3	4	2	1	5
1	2	5	8	7	9	6	3	4
4	6	3	5	1	2	9	7	8
8	4	6	7	9	5	3	2	1
3	7	1	2	6	8	5	4	9
5	9	2	1	4	3	8	6	7
2	1	9	4	5	6	7	8	3
7	3	8	9	2	1	4	5	6
6	5	4	3	8	7	1	9	2

130

5	4	2	7	3	8	6	1	9
8	7	3	6	1	9	5	2	4
6	1	9	2	4	5	7	8	3
9	2	1	4	8	6	3	7	5
3	5	4	1	2	7	9	6	8
7	8	6	9	5	3	1	4	2
4	6	5	8	9	1	2	3	7
2	3	7	5	6	4	8	9	1
1	9	8	3	7	2	4	5	6

131

7	1	9	4	5	3	8	6	2
3	2	5	8	6	7	4	1	9
6	4	8	1	2	9	3	7	5
2	7	3	6	9	4	5	8	1
9	8	4	5	1	2	6	3	7
1	5	6	7	3	8	2	9	4
4	9	2	3	8	1	7	5	6
8	6	1	2	7	5	9	4	3
5	3	7	9	4	6	1	2	8

132

1	5	2	6	9	8	3	4	7
3	8	7	5	2	4	9	6	1
6	4	9	3	1	7	5	8	2
9	1	6	8	3	2	4	7	5
8	3	5	4	7	6	1	2	9
7	2	4	1	5	9	8	3	6
4	9	3	2	6	5	7	1	8
2	7	1	9	8	3	6	5	4
5	6	8	7	4	1	2	9	3

SOLUTIONS

133

2	3	9	7	8	5	4	6	1
4	1	5	2	6	3	9	7	8
8	6	7	1	9	4	5	3	2
1	7	4	3	5	6	2	8	9
6	5	3	8	2	9	1	4	7
9	2	8	4	7	1	6	5	3
3	9	2	5	4	7	8	1	6
5	8	1	6	3	2	7	9	4
7	4	6	9	1	8	3	2	5

134

2	1	4	7	8	5	9	3	6
5	6	9	1	3	2	4	7	8
3	8	7	4	6	9	2	5	1
9	4	3	8	1	6	5	2	7
8	5	1	2	4	7	3	6	9
6	7	2	9	5	3	8	1	4
7	3	6	5	9	4	1	8	2
4	2	8	3	7	1	6	9	5
1	9	5	6	2	8	7	4	3

135

1	8	7	3	2	6	4	9	5
6	9	5	4	1	8	2	3	7
4	3	2	9	5	7	1	8	6
5	6	8	1	7	4	3	2	9
2	1	9	5	8	3	6	7	4
3	7	4	2	6	9	5	1	8
9	5	3	7	4	1	8	6	2
8	4	1	6	9	2	7	5	3
7	2	6	8	3	5	9	4	1

136

5	4	2	1	6	8	3	7	9
6	8	7	3	2	9	4	5	1
9	3	1	4	7	5	8	2	6
4	5	8	6	9	3	2	1	7
2	9	3	7	5	1	6	8	4
7	1	6	2	8	4	9	3	5
1	6	4	8	3	7	5	9	2
3	7	5	9	4	2	1	6	8
8	2	9	5	1	6	7	4	3

SOLUTIONS

137

4	2	1	3	7	8	5	6	9
6	3	8	1	9	5	2	7	4
9	7	5	6	4	2	3	8	1
7	6	2	5	8	4	9	1	3
5	8	4	9	3	1	6	2	7
1	9	3	2	6	7	4	5	8
2	4	6	7	1	3	8	9	5
8	5	7	4	2	9	1	3	6
3	1	9	8	5	6	7	4	2

138

1	9	6	3	4	7	5	8	2
2	4	7	5	8	6	3	9	1
5	3	8	1	9	2	6	4	7
6	1	9	8	2	4	7	3	5
8	5	3	7	6	1	9	2	4
7	2	4	9	3	5	8	1	6
9	7	5	4	1	3	2	6	8
3	6	1	2	7	8	4	5	9
4	8	2	6	5	9	1	7	3

139

1	8	2	5	7	3	9	6	4
9	7	6	2	1	4	5	3	8
5	4	3	6	9	8	1	7	2
3	1	7	4	5	9	2	8	6
8	6	5	3	2	7	4	9	1
4	2	9	8	6	1	7	5	3
2	5	1	9	3	6	8	4	7
6	9	8	7	4	2	3	1	5
7	3	4	1	8	5	6	2	9

140

7	6	3	1	4	5	9	2	8
5	2	8	7	9	6	4	1	3
9	4	1	8	2	3	5	6	7
4	3	9	2	7	1	6	8	5
6	1	2	3	5	8	7	4	9
8	7	5	4	6	9	1	3	2
3	5	6	9	8	4	2	7	1
1	9	7	6	3	2	8	5	4
2	8	4	5	1	7	3	9	6

SOLUTIONS

141

2	7	9	3	1	5	4	6	8
8	3	4	7	6	9	2	1	5
1	6	5	2	8	4	7	9	3
3	5	8	1	9	7	6	2	4
6	9	2	4	5	8	1	3	7
7	4	1	6	2	3	8	5	9
5	2	3	8	7	1	9	4	6
9	1	7	5	4	6	3	8	2
4	8	6	9	3	2	5	7	1

142

6	3	2	1	4	7	9	8	5
4	8	7	9	2	5	3	6	1
1	5	9	8	6	3	7	4	2
3	6	1	4	7	9	5	2	8
5	2	4	6	3	8	1	7	9
9	7	8	5	1	2	4	3	6
2	4	5	7	9	6	8	1	3
8	1	3	2	5	4	6	9	7
7	9	6	3	8	1	2	5	4

143

9	4	3	7	5	6	2	8	1
1	2	5	9	3	8	4	7	6
7	8	6	2	1	4	3	5	9
8	9	7	1	6	2	5	4	3
6	1	2	5	4	3	8	9	7
3	5	4	8	9	7	1	6	2
2	6	8	4	7	1	9	3	5
4	3	9	6	2	5	7	1	8
5	7	1	3	8	9	6	2	4

144

2	9	5	6	3	7	4	8	1
3	1	7	8	5	4	6	2	9
8	6	4	1	2	9	3	7	5
5	7	1	4	8	3	2	9	6
4	3	6	2	9	5	8	1	7
9	8	2	7	1	6	5	4	3
7	4	9	5	6	8	1	3	2
1	5	3	9	4	2	7	6	8
6	2	8	3	7	1	9	5	4

SOLUTIONS

145

9	8	7	3	1	2	4	6	5
5	6	4	8	9	7	2	1	3
1	3	2	6	5	4	8	9	7
3	2	8	5	7	6	1	4	9
4	1	5	2	3	9	6	7	8
6	7	9	4	8	1	5	3	2
7	9	6	1	2	8	3	5	4
2	5	1	9	4	3	7	8	6
8	4	3	7	6	5	9	2	1

146

7	6	3	1	8	2	9	4	5
2	9	1	4	5	7	6	8	3
8	4	5	9	3	6	2	7	1
6	8	9	5	1	3	7	2	4
3	2	4	6	7	8	5	1	9
5	1	7	2	9	4	8	3	6
9	5	2	8	4	1	3	6	7
4	3	8	7	6	9	1	5	2
1	7	6	3	2	5	4	9	8

147

4	9	3	1	2	5	6	7	8
7	6	8	4	3	9	2	1	5
1	2	5	8	6	7	9	4	3
3	1	6	5	7	2	4	8	9
5	4	2	9	8	3	7	6	1
9	8	7	6	1	4	3	5	2
6	5	4	3	9	8	1	2	7
8	7	9	2	4	1	5	3	6
2	3	1	7	5	6	8	9	4

148

5	3	9	8	4	2	1	6	7
8	7	4	9	1	6	5	2	3
1	2	6	3	7	5	8	4	9
9	5	2	6	3	7	4	1	8
6	8	3	4	5	1	7	9	2
4	1	7	2	8	9	3	5	6
7	9	1	5	2	8	6	3	4
3	6	5	7	9	4	2	8	1
2	4	8	1	6	3	9	7	5

SOLUTIONS

149

5	7	1	6	2	9	8	3	4
9	4	8	7	3	1	2	5	6
6	3	2	5	4	8	7	9	1
2	5	6	1	9	3	4	7	8
7	8	4	2	5	6	9	1	3
3	1	9	8	7	4	5	6	2
4	6	3	9	8	5	1	2	7
8	2	5	3	1	7	6	4	9
1	9	7	4	6	2	3	8	5

150

8	6	9	4	1	5	7	2	3
2	7	4	9	3	6	8	1	5
1	5	3	2	8	7	6	9	4
6	8	1	3	4	2	5	7	9
5	3	2	7	6	9	4	8	1
4	9	7	1	5	8	3	6	2
7	2	6	5	9	3	1	4	8
3	4	8	6	2	1	9	5	7
9	1	5	8	7	4	2	3	6

SOLUTIONS

GOLD PUZZLES

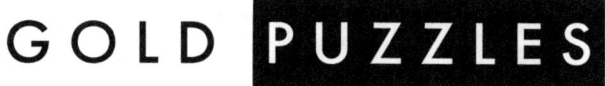

More from Gold Puzzles

Bumper Book of Sudoku: Volume 1	979-8551087519
Classic Sudoku: Book 1	979-8552980185

Get your FREE print-at-home puzzle book

subscribe.goldpuzzles.com

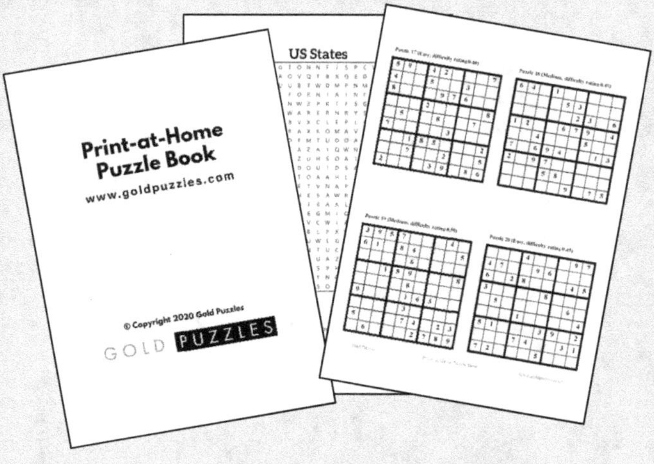

www.goldpuzzles.com

www.ingramcontent.com/pod-product-compliance
Lightning Source LLC
Chambersburg PA
CBHW060833220526
45466CB00003B/1093